小实验串起科学史（全20册）

从共振原理到电视机的出现

路虹剑 / 编著

化学工业出版社
·北京·

图书在版编目（CIP）数据

小实验串起科学史 . 从共振原理到电视机的出现 / 路虹剑编著 . —北京：化学工业出版社，2023.10
ISBN 978-7-122-43908-6

Ⅰ . ①小… Ⅱ . ①路… Ⅲ . ①科学实验 - 青少年读物 Ⅳ . ①N33-49

中国国家版本馆 CIP 数据核字（2023）第 137346 号

责任编辑：龚　娟　肖　冉　　装帧设计：王　婧
责任校对：宋　夏　　插　　画：关　健

出版发行：化学工业出版社（北京市东城区青年湖南街 13 号 邮政编码 100011）
印　　装：盛大（天津）印刷有限公司
710mm×1000mm　1/16　印张 40　字数 400 千字
2024 年 4 月北京第 1 版第 1 次印刷

购书咨询：010-64518888
售后服务：010-64518899
网　　址：http://www.cip.com.cn
凡购买本书，如有缺损质量问题，本社销售中心负责调换。

定价：360.00 元（全 20 册）

作者序

在小小的实验里挖呀挖呀挖，挖出了一部科学史！

一个个小小的科学实验，好比一颗颗科学的火种，实验里奇妙、有趣的科学现象，能在瞬间激起孩子的好奇心和探索欲。但这些小实验并不是这套书的目的和重点，它们只是书中一连串探索的开始。

先动手做一个在家里就能完成的科学实验，激发孩子的好奇，自然而然地，孩子会问“为什么”，这时候告诉他这个实验的科学原理，是不是比直接灌输科学知识更能让孩子接受呢？

科学原理揭秘了，孩子的思绪就打开了，会继续追问：这是哪位聪明的科学家发现的？他是怎么发现的呢？利用这个科学发现，又有哪些科学发明呢？这些科学发明又有哪些应用呢？这一连串顺

埋成章、自然而然的追问，是不是追问出一部小小的科学史？

你看《从惯性原理到人造卫星》这一册，先从一个有趣的硬币实验（实验还配有视频）开始，通过实验，能对经典物理学中的惯性有个直观的了解；紧接着通过生活中的一些常见现象来加深对惯性的理解，在大脑中建立起看得见摸得着的物理学概念。

接下来，更进一步，会走进科学历史的长河，看看是哪位伟大的科学家首先发现了惯性原理；惯性原理又是如何体现在宇宙中星体的运动里的；是谁第一个设计出来人造卫星，这和惯性有着怎样的关系；我国的第一颗人造卫星是什么时候发射升空的……

这套书共有 20 个分册，每一个分册都有一个核心主题，从古代人类文明，到今天的现代科技，内容跨越了几千年的历史，能读到伽利略、牛顿、法拉第、达尔文等超过 50 位伟大科学家的传奇经历，还能了解到火箭、卫星、无线电、抗生素等数十种改变人类进程的伟大发明的故事。

这套书涉及多个学科，可以引导孩子在无数的“问号”中深度思考，培养出科学精神、科学思维、科学素养。

目录

11

打开电视，我们能看到各种各样的节目：精彩的体育比赛、有趣的动画片、情节跌宕起伏的影视剧等。电视的出现，让我们的业余生活变得丰富多彩。那么，不知道你是否思考过这样一个问题，那就是：电视机里的节目都是从哪里来的？难道这些精彩的节目是预先存在电视里的吗？我们还是先通过一个小实验，了解一下背后的科学知识吧。

电视机的问世让人们的生活丰富起来

小实验：共振砝码

为什么叫“共振砝码”？
做完这个实验，你就明白了！

实验准备

铁架台、砝码各两个，绳子三根。

扫码看实验

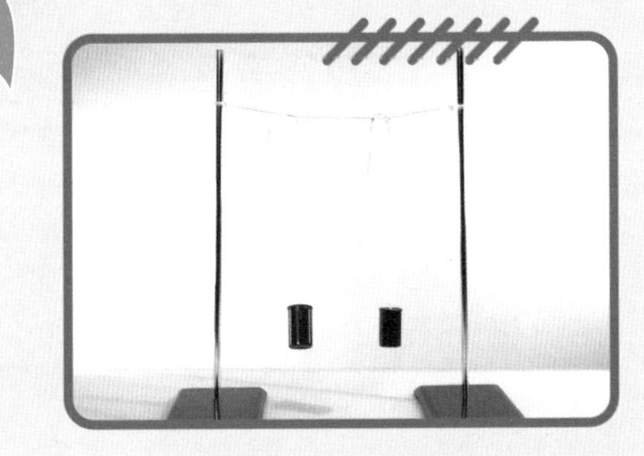

实验步骤

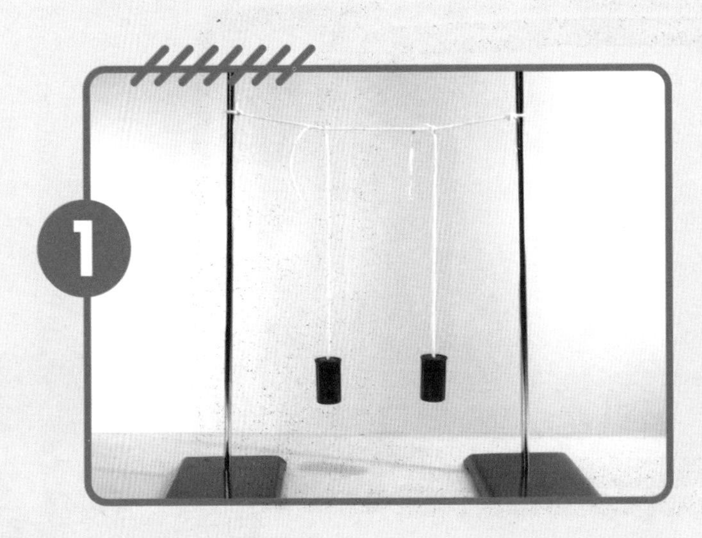

我们在两个铁架台之间拴一根绳子，并把两个砝码用同样长度的绳子悬挂在这根绳子上。

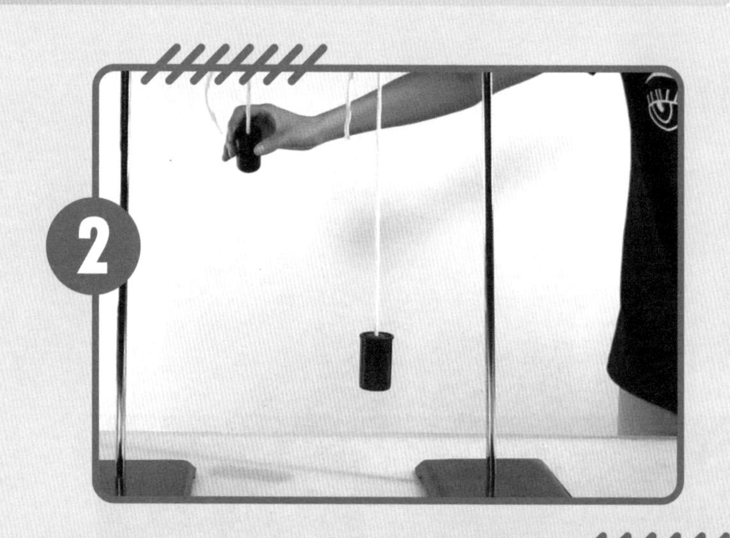

2

抬起其中一个砝码，然后自然放下。

3

观察两个砝码，你发现了什么？

实验背后的科学原理

在这个实验中，我们会看到，刚开始，一个砝码摆动，产生的振动传递给了铁架台之间的绳子，再通过绳子传递给第二个砝码，使得它小幅摆动起来。但渐渐地产生共振，第二个砝码的摆动幅度增大，最终两个砝码以同样的幅度摆动了起来。

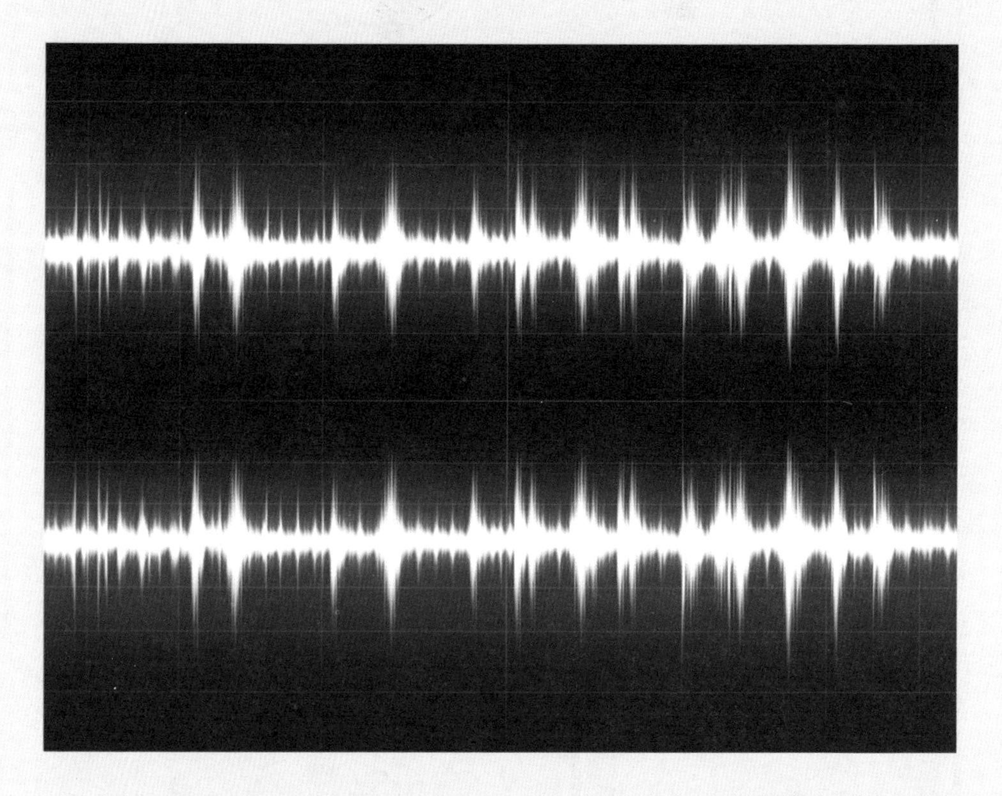

共振描述的是当施加的周期性力的频率，等于或接近其作用的系统的固有频率时，振幅增加的现象。

你还可以这样理解：物体是由分子组成的，每种分子都有固有频率，当某种频率接近它们的固有频率，它们将更容易释放能量，带来的结果就是振动效果的放大。

中国古籍中的共振实验

说到共振的现象，其实在我国古代就有记录。中国北宋科学家沈括在他的学术著作《梦溪笔谈》中记录了一个有关共振的实验：他将一个剪好的小纸人放在琴弦上，拨动其他琴弦。他发现当他拨动其中的某一根琴弦时，小纸人会跳动，而当他拨动其他琴弦时，纸人则不会跳动。

为什么只有拨动某一根琴弦时，小人才会跳动呢？其实，这是因为这根琴弦的振动频率与放置小纸人的琴弦的固有频率相同，它们就发生了共振现象，小纸人也就跳动起来了。

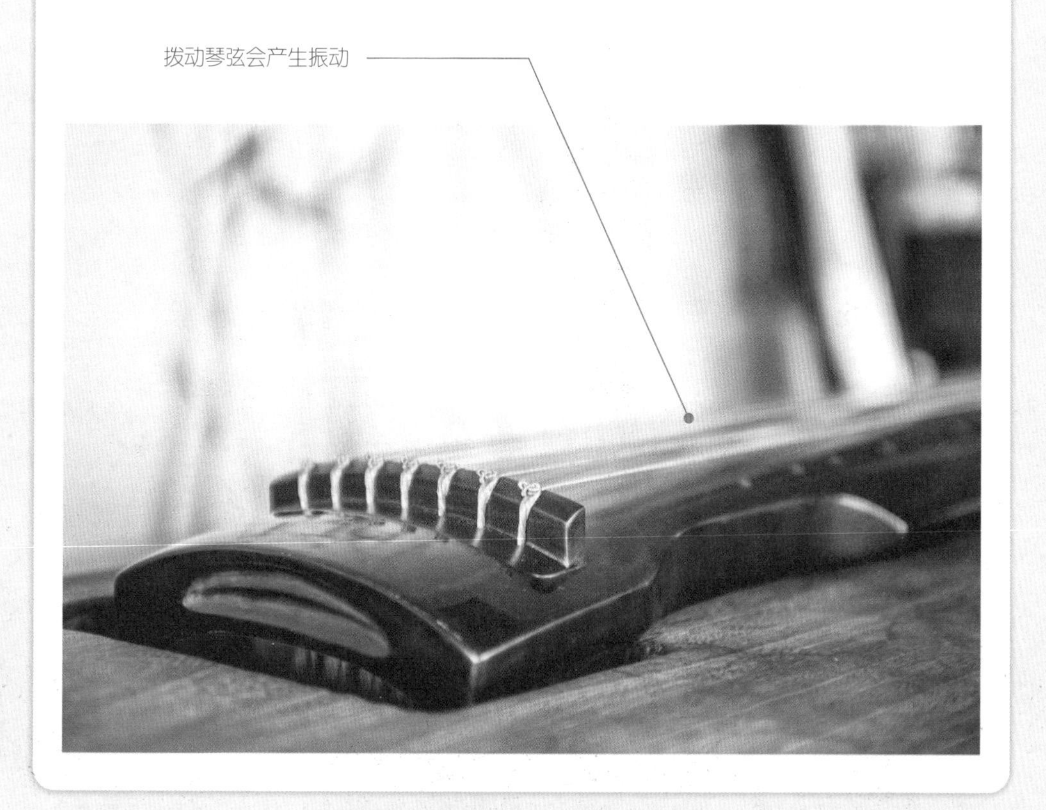

为什么大桥会坍塌?

几乎所有类型的振动或波都会发生共振现象，比如机械共振、声共振、电磁共振、核磁共振、电子自旋共振等。而共振现象在生活中有很多应用，当然，共振也会带来危害。

比如在雪山上，如果登山者大声呼喊，声音的频率和雪山固有的频率一致的话，很可能会引起雪崩。除此之外，再给大家讲一个由共振引发的历史事件：

据记载，19 世纪初的时候，拿破仑部队的一队士兵在指挥官的口令下，威武雄壮地齐步通过法国昂热市的一座大桥。可没想到的是，快走到桥中间的时候，忽然间桥梁发生了剧烈的颤动，然后断

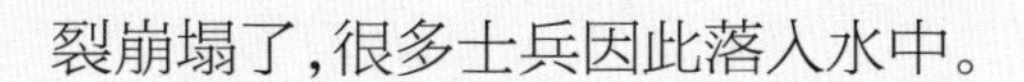

裂崩塌了，很多士兵因此落入水中。

其实这座桥是非常坚固的，但士兵们铿锵有力地齐步走时，所有的人都用同一个频率踩到桥面上，这个频率和大桥的固有频率正好相同，结果增加了桥体的振动幅度。最终，当振幅超过桥梁的抗压力时，桥就因此断裂了。这就是共振所带来的危害。

了解到共振的危害后，后来许多国家的军队都制定了一条规定：大队人马通过一座桥时，要改齐步走为便步走，以免产生共振。

共振是一种物理现象，它能引起如桥梁坍塌、雪崩、机器损坏等对人类不利的结果，但基于共振原理的一些发明和创造，也给人类的生活带来了很多的精彩。比如能带来美妙声音的乐器，其实和声音的共振有着千丝万缕的联系。在声学上，共振也被称为“共鸣”。

最早的乐器出现在什么时候？

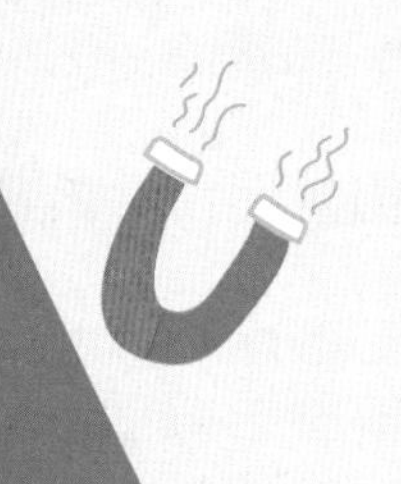

据记载，中国的骨笛是世界上一种古老的乐器，距今约有8000~9000 年的历史，这是一种用鹤类的肢骨制作而成的乐器，上面打有小孔（五到八个不等），已经具备了音阶的属性。而西方管弦乐器的起源，则要追溯到公元前 2800 年左右，在那个时期，关于乐器的图像开始出现在美索不达米亚的手工艺品上。

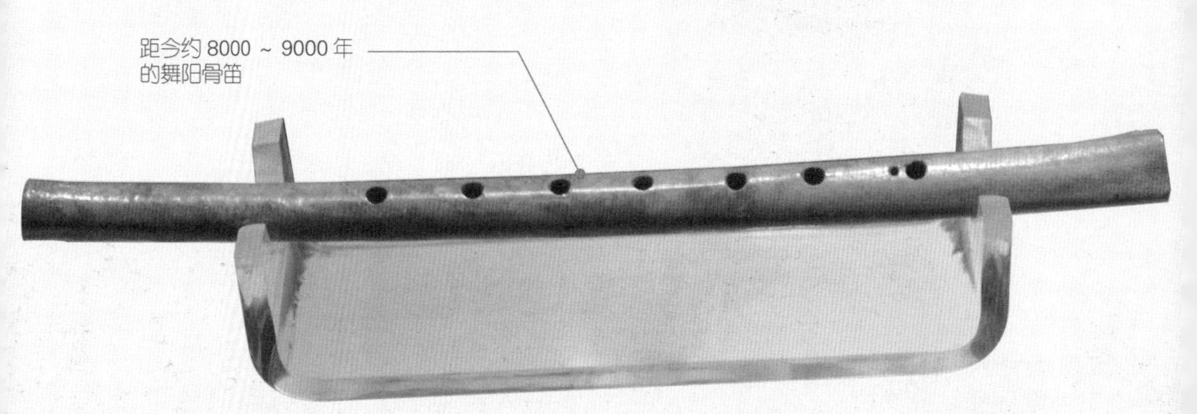

考古研究还发现，公元前 2700 年前埃及的乐器与美索不达米亚的乐器惊人地相似，这使得历史学家得出结论，这两个文明之间一定是相互联系的。

最早进入美索不达米亚平原的苏美人尤其喜欢弦乐器，七弦琴是苏美尔文化中最著名的仪式乐器。除此之外，竖笛、双簧管、拱形和有棱角的竖琴，以及各种鼓都已经被使用在音乐演奏中。

古埃及石壁上演奏乐器的画像

公元前 1500 年左右，当埃及法老征服西南亚时，美索不达米亚文化也同时影响到了埃及，古埃及人开始使用双簧管、小号、竖琴、琵琶、响板和钹等乐器。

可以说，苏美人和古埃及人当时使用的乐器，影响到了以后的欧洲。例如在古典时代，音乐是很多宴会上必不可少的娱乐项目，音乐还常常被用来歌颂神话中的人物。无论是古希腊还是古罗马，笛子、七弦琴和水琴是最常见的乐器，而竖琴也是当时非常流行的乐器。

古埃及壁画上一位正在演奏乐器的女人

早期的竖琴通常有 13 或 14 条琴弦，演奏者以左手拨弦，右手则负责按弦止音，能够发出迷人的声音，常作为游吟诗人或小型演出的伴奏乐器。

随后，到了 14 世纪，爱尔兰人将其发展成为一种更大型的乐器，通常有 30 到 36 根弦，用指甲弹奏，能够发出更为明亮动听的乐音。爱尔兰竖琴也被称为“天使之琴”，它和我们今天在音乐会上见到的竖琴基本相同。

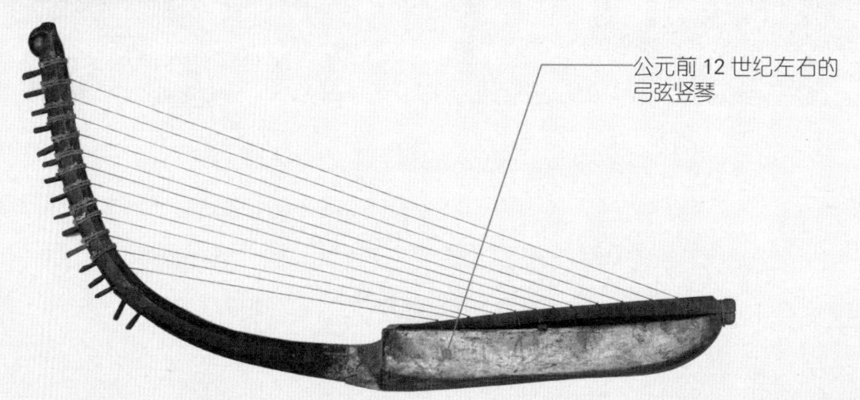

公元前 12 世纪左右的弓弦竖琴

在中世纪，竖琴和横笛是很受欢迎的乐器，鼓、钹、铃鼓也是如此。乐师们常常搭配风笛和塔波鼓——左手吹笛子，右手击打挂在腰带上的鼓。从那个时期起，管风琴通常被用于教堂音乐。从 12 世纪开始，欧洲人也开始演奏风笛、手摇琴，打击乐器中也增加了三角铁。

乐器和共振原理

很多乐器能够发出声音，其实也是和共振原理有着密不可分的关系。比如鼓、吉他、钢琴等，都有一个帮助发声的共鸣腔。例如鼓的共鸣腔就是鼓皮内的部分，木吉他的共鸣腔是吉他音箱，钢琴的共鸣腔叫作“琴胆”。

当我们拨动或敲击乐器的时候，物理震动会产生声波，声波在共鸣腔内产生共振，从而发出洪亮或清脆的声音。共鸣腔越大，共振的效果越强烈，产生的声音也越大，这就是大提琴比小提琴的音量更大的原因。

我们人体也有 4 个共鸣腔，分别是口腔、鼻腔、咽腔和胸腔。发声时，口腔、鼻腔和咽腔的空气容量能与声带发生共鸣，从而帮助我们说话和唱歌。

第一架钢琴的诞生

到了 14—16 世纪的文艺复兴时期，乐器得到了广泛的发展。1521 年，意大利发明家耶罗尼米斯·博诺尼西斯创造了一种有 4 个八度音阶的“羽管键琴”，并迅速成为当时流行的键盘乐器。不过它与现代钢琴的构造原理完全不同，不像现代钢琴是通过敲击琴键带动木槌击打琴弦而发出声音，羽管键琴是通过末端木制支柱上的一个羽毛根管尖拨动琴弦而发声，所以声音比较小。

18 世纪的一架羽管键琴

进入巴洛克时期（17 世纪以及 18 世纪上半叶），音乐形式比文艺复兴时期更为丰富，由于皇室和贵族的需要，歌剧也开始兴起。在这个时期，键盘类乐器和小提琴及其同族类弓弦乐器演奏主导了当时的流行音乐。

7 岁的莫扎特正在演奏钢琴曲

在巴洛克时期之后，音乐进入了古典主义时期（18 世纪中叶至 19 世纪初），乐器得到了迅猛的发展，音乐演奏已经进入欧洲很多国家的市民阶层。在古典主义时期，钢琴逐渐替代羽管键琴、古钢琴，成为主流乐器，并出现了海顿、莫扎特、贝多芬等著名的作曲家。交响曲、弦乐四重奏和奏鸣曲等音乐表现形式也出现了。

第一架钢琴的诞生

第一架真正意义上的现代钢琴，是由意大利人巴托罗密欧·克里斯多佛利于 1709 年发明的，他将这种乐器命名为“钢琴”。钢琴是通过敲击琴键，带动钢琴中的小木槌敲击钢丝从而发出声音的，这种发声的效果比羽管键琴要清脆和响亮。

钢琴的发明人克里斯多佛利

从古典主义时期到接下来的浪漫主义时期（19 世纪初到 19 世纪末），大型管弦乐队逐渐流行起来，与此同时，作曲家们决心利用现代乐器的表现力创作出完整的管弦乐曲。乐器有了更大规模的合奏，像单簧管、萨克斯管和大号这样的新乐器成了管弦乐队的固定乐器。

进入 20 世纪之后，传统乐器的发展开始变缓，新的乐器得到了爆发性的发展。特别是当电磁科学得到快速发展之后，电子琴、电吉他等现代乐器陆续出现。电子乐器的出现，带来了更为丰富的音色和更具表现力的演奏方式，给音乐注入了活力。

用玻璃杯演奏音乐

钢琴的声音悦耳动听，小提琴的声音婉转悠扬，葫芦丝的声音优雅清新……这些乐器带给了我们美的感受，也带给了我们快乐。可是如果我们没有这些乐器，又很想听音乐，该怎么办呢？

很简单！让水杯和筷子来帮忙吧！

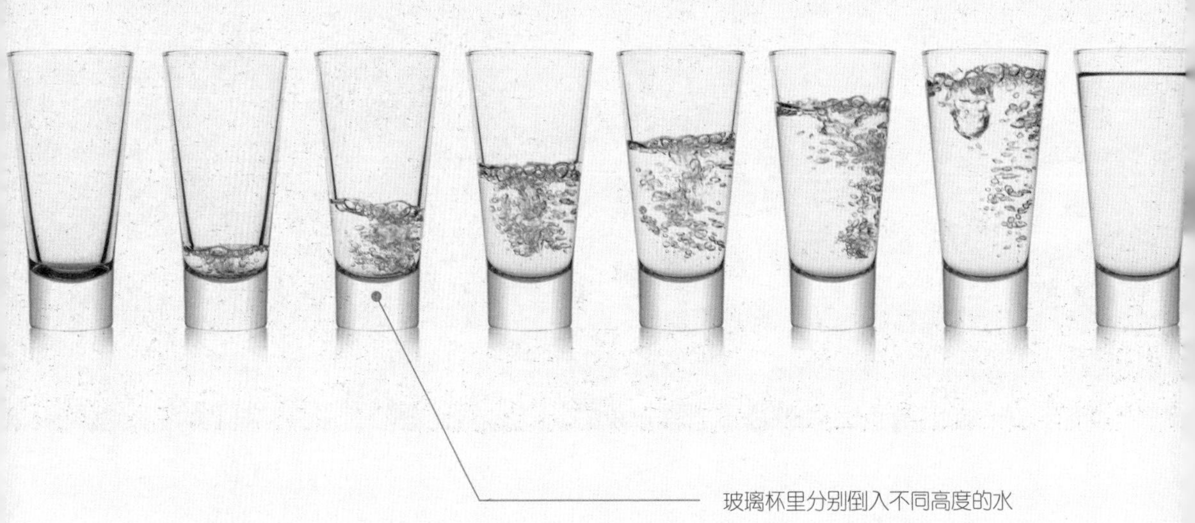

玻璃杯里分别倒入不同高度的水

我们要准备好八个水杯，并把它们一字排开。最左边的水杯不放水作为高音“do”，依次从左往右向杯子中加入不同量的水，用筷子敲打水杯调音，使其能依次发出“do 、re、 mi、 fa 、so、 la、 si”的声音。

如果发现敲打的声音不准确，我们可以调整水杯中的水量。调好音之后，找出你喜欢的曲子的乐谱，照着乐谱用筷子敲击对应音符的水杯，就可以弹奏出你喜欢的曲子了。我们听到的悦耳的声音，是由水杯振动和杯子里的空气产生了共振发出的。

试一试：向矿泉水瓶里吹气

在这个实验中，声音的振动频率的不同，是由水杯中水量的不同引起的。水杯中的水越多，水杯的振动越慢，发出的声音越低；水杯中的水越少，水杯的振动越快，发出的声音越高。适当地调节杯子的水量，就可以调节高音和低音，使其发出悦耳动听的声音。

不仅仅是水杯，向装有不同水量的矿泉水瓶中吹气，也会发出高低不同的声音。如果你手边正好有矿泉水瓶，不妨试试看。

从振动发声到电话的发明

美国发明家、电话的发明者贝尔

乐器之所以能够发出动听的声音，主要依靠琴弦或空气柱的振动，以及放大声音的共鸣箱。而我们人类能够说话发声，主要也是依靠声带的振动和共鸣系统。

但是我们都知道，声音的传播范围是极为有限的，如何才能让相距千里之外的两个人听到彼此的声音呢？电话的出现让这一想法变为现实。

1876 年，美国发明家亚历山大·格雷厄姆·贝尔（1847—1922）发明了电话，使人的声音可以通过电线远距离传播。1876 年，在美国费城世界博览会上，贝尔与巴西国王激动人心的通话演示，使电话这项伟大的发明名扬四海。那么贝尔当时是怎样发明电话的呢？

其实在贝尔发明电话之前，就已经有一个类似电话的语音通信装置被意大利发明家安东尼奥·梅乌奇（1808—1889）发明出来了。这个装置看名字感觉很高深，其实设计却很简单，与我们小时候常玩的听话筒很像，用一根紧绷的绳子将两个罐头盒连接起来，当一个人对着一端的罐头盒讲话时，另一个人可以从另一端的罐头盒听到声音。

在 19 世纪 70 年代中，另一位美国电气工程师伊莱莎·格雷（1835—1901）认识到人的声音是通过振动发出的，并且由不同音频的音调组成，后来他又进一步设想能否把声音变成电信号然后再进行传递和接收。

20 世纪初期的电话机

格雷发明了能传输音乐音调的电报机，并提出了电话的设想。但这个设想被贝尔抢先成功试验了出来。贝尔从电报装置上获得灵感，他跟他的助手华生一起设计了液体发话器和磁舌簧接收器，发话器能够将声音通过振动转化成各种电信号，接收器则相反，可以将各种电信号还原成声音，这样人们就可以在较远的两地听到对方的声音了，电话也因此被发明了出来。

虽然贝尔发明的电话还有很多问题，如体积庞大、通话距离不能太远太近等，但作为开山之作，其对电话的进一步发展具有重要的意义。1876 年，贝尔成功获得了电话的发明专利。

电视机的发明史

一台老式电视机

在电话被发明出来之后，贝尔和另一位大发明家托马斯·爱迪生都推测，可能会出现一种类似电话的设备，既能传输声音，也能传输图像。这个想法经过一些科学家和工程师的努力，最终变成了现实。

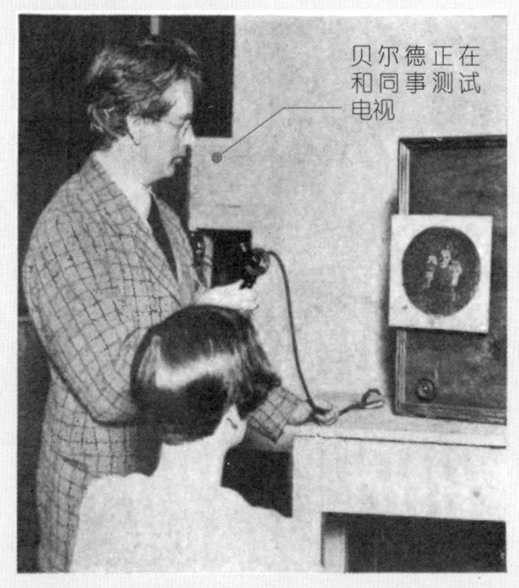

贝尔德正在和同事测试电视

1884 年，德国工程师保罗·尼普科夫提出了一种使用光电机械扫描圆盘发送图像的系统。尼普科夫称之为“电视望远镜”，但它本质上是机械电视的早期形式。

在 20 世纪初，英国工程师艾伦·阿奇博尔德·坎贝尔·斯温顿，尝试将阴极射线管放置在发送端和接收端，本质上构成了最早的全电子电视系统。

直到 1925 年 10 月 2 日，另一位英国工程师约翰·洛吉·贝尔德在伦敦的一次实验中，成功地“扫描”出木偶的图像，这次实验被看作是电视诞生的标志，贝尔德因此也被称作“电视之父”。

“电视之父”英国工程师贝尔德

1927 年，贝尔德在伦敦市中心向皇家科学院的研究人员演示了世界上第一台真正的电视。随着他的新发明，贝尔德成立了一家电视发展公司。1928 年，贝尔德的公司实现了伦敦和纽约之间的第一次跨大西洋电视传输，以及大西洋中部的第一次船上电视传输。贝尔德还被认为是第一个研制出机械扫描方式的彩色电视和立体电视的人。

电视机逐渐进入千家万户

到 1940 年，美国全国只有几百台电视机在使用，但到了 20 世纪 50 年代，电视真正成了主流的娱乐方式。到 1955 年，超过一半的美国家庭拥有电视机。随着消费者数量的扩大，新的电视台诞生了，更多的节目被播出。

电视机工作的基本原理，就是利用电信号承载图像和音频，然后将活动影像转化成图片信号进行播放，这其中涉及电磁学、光学等很多的物理知识，而且也和我们上面说到的共振原理有很大的关系。

电视台通过天线发射出电磁波信号，电视机通过天线把高频信号的频率调至和电视台电磁波信号相同频率来引起共振，从而将电台信号放大，以接受电视信号。接收的信号再通过显像设备变成图像和声音，最终呈现在我们眼前。

电视机的发展见证了科技的发展

微波炉的工作原理

除了电视机以外，共振原理还有很多应用，改变了人们的生活。比如微波炉，原理是通过 2500 兆赫左右的电磁波使食物中的水分子产生共振，将电磁辐射转化为热能，进而起到加热食物的效果。

微波炉也应用了共振原理

跳水和共振有什么关系?

说到共振，你可能想不到的是，有一项夏季奥运会的比赛项目也和它有很大的关系，这就是跳水。

跳水运动有着非常悠久的历史，中国早在宋朝以前，就已经出现了这项运动。它综合了惊险的动作、优美的姿态和变化万千的技法，深受人们的喜爱。而中国跳水运动技术一直处于世界领先地位，我们在欣赏运动员们在比赛中的完美表现时，有没有探究过这小小跳板中隐藏的科学呢?

其实，那短短的几秒钟时间，包含着我们不太注意的科学知识，你会发现每一个优秀的跳水运动员都是共振专家，为什么这样说呢？你仔细观察一下就知道跳板跳水的跳板是有弹性的，当运动员站上跳板时，跳板下压，并在运动员起跳后向上弹回，从而才能将运动员“送”向空中，并增加运动员在空中的时间，使运动员有充分的时间做出一系列的动作。然而运动员想要得心应手地驾驭跳板却并没有那么容易。

运动员脚下的跳板上下起伏也是一种振动，跳板也有它本身的固有频率，所以运动员的走板动作必须与跳板的固有频率合拍，一定要按照跳板摆动的节奏来定自己的节奏，也就是要让自己的步频和跳板的固有频率形成共振，达到“人板合一”的状态，才能使运动的阻力减少，跳板弹出的幅度更大。如果步伐的快慢和跳板的起伏频率不一致，跳板摆动和运动员走板的力量就会相互抵消，失去弹出去的能量，出现“踩死板”的现象。

所以说优秀的跳水运动员都是“共振专家”，他们都领悟了“共振”的原理，才能将跳水运动完美地表现出来。

留给你的思考题

1. 在实验“共振砝码”中，如果我们多悬挂几个砝码，还能产生这种共振的效果吗？

2. 共振现象既有它的危害性，又有它对人类发展有利的地方。在生活中，你还注意到哪些现象和共振有关呢？

世界上第一部真正意义上的移动电话，是由一位名叫马丁·库伯的工程师设计发明的。库珀自幼对无线电很感兴趣，并在 1970 年加入了美国摩托罗拉通信公司，成为一名工程师。大约在 1973 年，库珀带领团队研发出了世界上第一部移动电话。1985 年，第一台现代意义上的可以商用的移动电话诞生，包括电源和天线重量达 3 公斤。

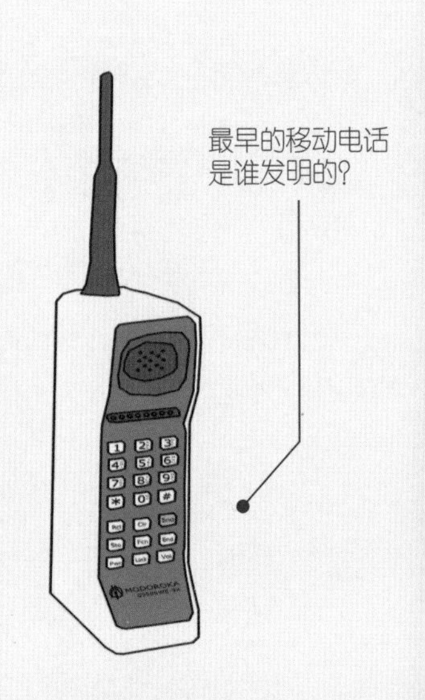